有机食品真好吃

[韩] 金基明 文
[韩] 金珍熙 绘
季成 译

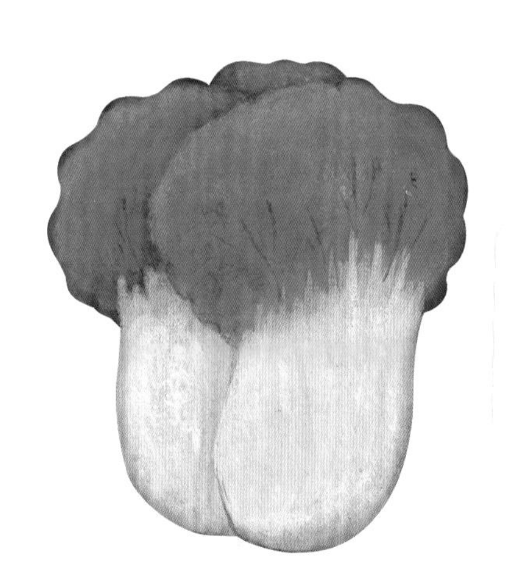

化学工业出版社
·北京·

9元
菠菜 9元
菠菜 9元
菠菜 9元
菠菜 9元
胡萝卜 12元
胡萝卜 12元

小敏和妈妈一起来逛小区的超市。

“妈妈，那菠菜好贵啊。我在这里找到了更便宜的，买这个吧。”小敏兴奋地说道。

“那种打了农药。妈妈选的这个是没有使用化学合成农药的有机农产品哦。”

“有机农产品更好吗？”

“有机农产品呀，是纯天然、无污染的，吃着更放心。”

每当这时候，妈妈就像一部百科全书，总能解开小敏的所有疑惑！

什么是有机农业？

有机农业是指在植物和动物的生产过程中不使用化学合成的农药、化肥、生长调节剂、饲料添加剂等物质，不使用离子辐射技术，也不使用基因工程技术及其产物，而是遵循自然规律和生态学原理，采取一系列可持续的农业生产技术，协调种植业和养殖业的平衡，维持农业生态系统持续稳定发展的一种农业生产方式。

在农业生产过程中不使用化学合成农药、化肥生产出来的农产品叫做“有机农产品”。

“可是为什么要在耕作的时候使用农药啊？”

“因为要是不用农药的话，农作物就会因为生病或是被虫子吃掉等各种问题，很难长出健康的果实。还有在夏天的时候，农作物的养分会被疯狂生长的杂草抢走，这也会导致农作物无法好好生长。

在饲养牲畜时也是一样的，要喂些能够杀死有害病菌并且能让它们快速长大的药物才行，否则牲畜就很容易生病，喂养的时间也会变长。”

所以呀，人们是为了能够轻松获取高产量的农产品或肉类，才在生产过程中使用农药、药品和饲料的。

有机农业的辛苦

不使用除草剂，就需要耗费大量劳动力来人工除草，或是研究出其他的除草方法。

不想使用化学肥料，就需要人们耗费精力给土壤施用其他有营养的肥料。

还有，要是想让牲畜在没有药物的情况下也能够健康生长，就需要在喂养等各方面花更多心思。

像这样付出数倍的努力，但结果却是产量不高或是牲畜生长缓慢。因此有机农业的生产方式可不是一件容易的事情哦！

使用农药能够让耕作变得更轻松。

杀菌剂
老鼠药
杀虫剂
除草剂

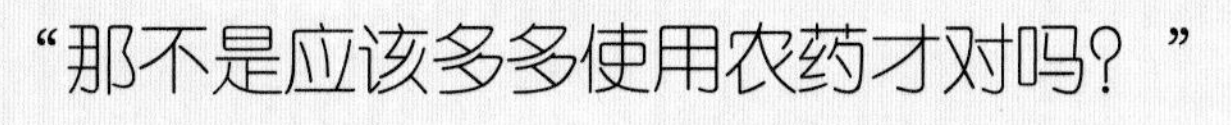
“那不是应该多多使用农药才对吗？”

小敏不太明白，为什么要说使用农药是不好的。

“喷了除杂草的药物以后，可不是只有杂草被消灭哦。这些药物会残留在我们吃的农作物中。还有人们要是喷了消灭害虫的农药，虽然吃农作物的害虫被杀死了，可是有些吃害虫的昆虫，还有吃昆虫的一些鱼儿和鸟儿等许多小动物会跟着遭殃的！”

小敏不知道如果不科学使用农药，会有这么可怕的后果。

“比如，要是农药渗入地下的话，那些守护着土壤健康的有益微生物也可能受影响，那土地可能就被污染啦。”

由于空气被污染，天空降下酸雨，导致土壤酸化。
人们为修路占用了
农田。
大量使用各种农药导
致土地被污染。
生活污水渗入地下。

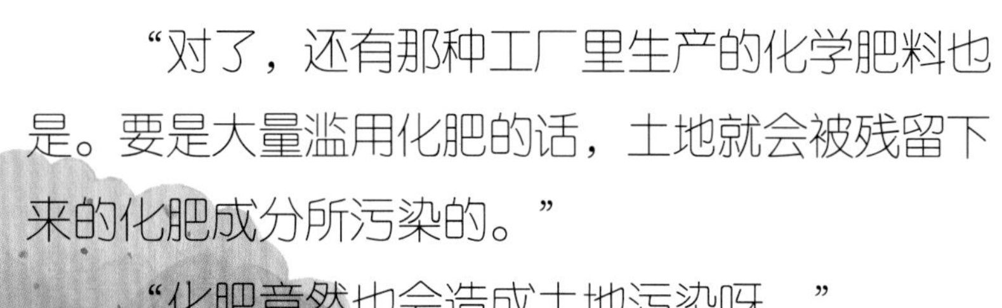

“对了，还有那种工厂里生产的化学肥料也是。要是大量滥用化肥的话，土地就会被残留下来的化肥成分所污染的。”

“化肥竟然也会造成土地污染呀。”

“不科学合理使用农药和化肥，还有工厂废水等，都会污染土地哦。被污染的土地就会渐渐地变成再也种不出庄稼的土地啦！”

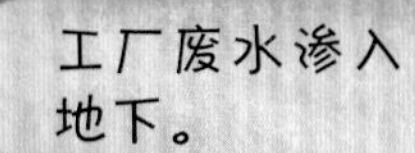

空气受污染后，污染物被农作物吸收。

土壤酸化

农作物吸收养分后，剩余的肥料成分会在土壤中转化成为酸性物质，从而导致土壤酸化。大多数植物在酸化土壤中都无法正常生长。只有在变成酸性土壤的地方加入石灰粉等，使其重新变成中性土壤，才能继续耕种庄稼。

不仅是农药，工业化肥也会污染土地。

医
院
污染物累积在我们的身体里。
吸收了污染物的农产品变成了
饭菜，来到了我们的饭桌上。
各种作为食材的农产品上残
留着污染物。
牛奶
牛奶
米
农作物和牲畜吸收
了污染物。
空气、水和土地受到了污染。

“如果土地受到污染，那种植在那里的蔬菜和水果当然也会受到污染。然后就是吃这些植物长大的牛啊、猪啊和小鸡们也会因此被污染。”

“那人们吃了这些被污染的农产品和肉类以后，身体也会受到污染吗？”

“当然啦。残留在蔬菜、水果还有牛肉、猪肉上的污染物并不会消失，而是直接转移并累积在吃了这些农产品的人的身体里。所以保护土地不受污染是非常重要的一件事情哦。”

“看来当前科学合理使用农药、化肥实在太重要啦。有机农业应该尽量使用规定许可的植物源农药等！”

小敏对有机农业更加好奇了。

吃了从被污染的土地上生长出来的农产品，我们的身体也会被污染哦。

“为了守护土地与我们身体的健康，越来越多的人开始关注有机农产品，努力研究如何在不使用农药或化学肥料的情况下进行耕作的方法。”

“那找到好方法了吗？”

“人们想到了利用生物的自然法则。比如，鸭子爱吃杂草和害虫，就把它们放养到水田里去，这样不仅能去除水田里的杂草，还能消灭害虫呢。”

“还有它们排出的粪便也是有助于水稻生长的肥料哦。又能施肥，还能帮着除草的鸭子可真是农田里优秀的小能手呀。再比如说，往水田里放些田螺。田螺能够吃掉长在水田底部的杂草，这样一来杂草就被清理干净啦。”这样说来，小敏忽然想到自己似乎在电视里见过这样的场景。

不使用化学合成农药的话，人们可以利用田螺、鸭子等生物。

在变成土壤之前

所谓的土壤是指岩石破碎后，能够提供给植物足够的营养使其可以生长的物质。也就是说，能够让植物健康生长的物质才可以称之为土壤。并且这其中应当含有养分，在未被污染的同时还需要有大量微生物共存。

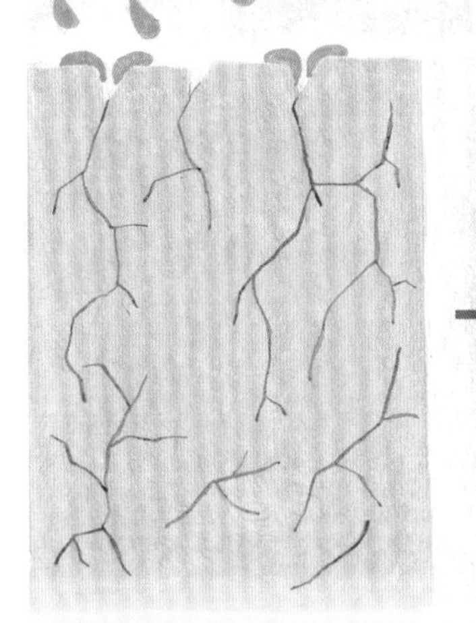

坚硬的岩石中逐渐有了缝隙，最后破碎成了小块。由于还没有养分，植物无法在这里生长。

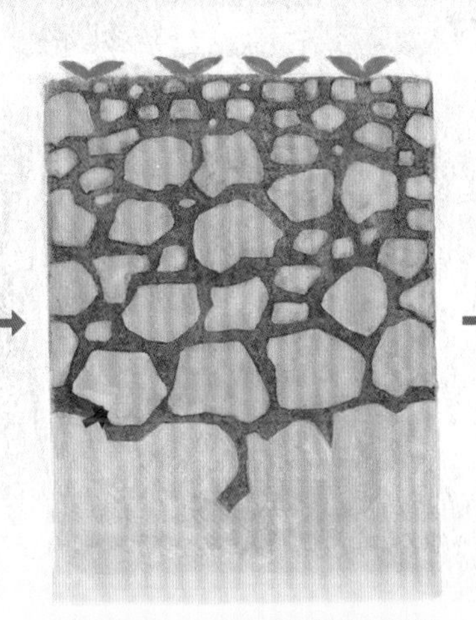

数十年后，一些能够为植物提供养分的微生物在这里存活了下来。

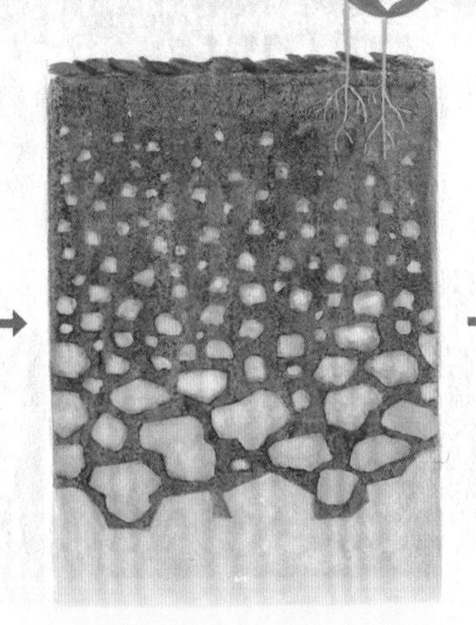

植物死亡腐烂后，堆积在了最上层，于是这一层就具备了植物生长所需的养分。

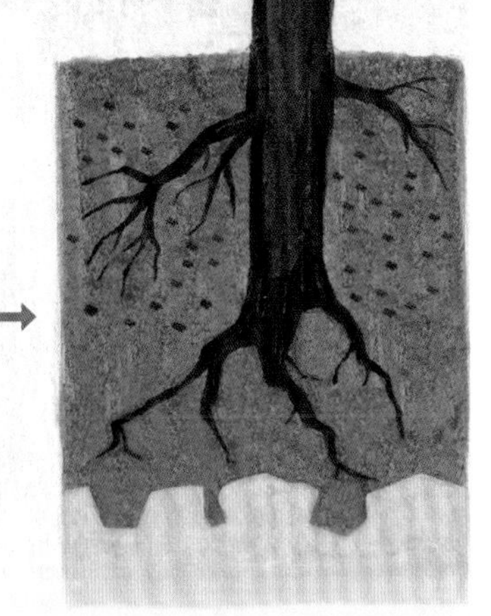

数百年后，养分不断累积，可耕种层变厚，至此岩石终于变成了土壤。

土壤里的世界是许多生物的另一个生存空间

在土壤中，不仅生活着我们肉眼看不见的微生物，还有各种昆虫、田鼠和小浣熊等，都在这里安家哦。微生物们分解落叶、动物的粪便和尸体，使它们成为植物的养分。要是有一天土壤里没有了微生物，那整个地球就将被成堆的垃圾覆盖，成为没有养分的荒地。

“此外，还有一种方法就是利用微生物。我们肉眼看不见的微生物呀，可是能够吞噬有害细菌，帮助农作物健康生长的‘大能人’哦。人们把米糠或芝麻渣撒到稻田里喂养它们，然后就会有更多的有益微生物产生，一起来保护庄稼了。”

当然也有使用堆肥的。堆肥是一种将人类或动物的粪便堆制腐解而成的肥料。在乡村里常常能闻到类似粪便的气味，就是堆肥散发出来的。

制作堆肥

在微生物的作用下，得到对人体有益的结果称为发酵，而得到对人体有害的结果就称为腐烂（腐败）。制作堆肥的过程是通过发酵而不是腐烂制成的。好的堆肥可以将酸化的土壤变回中性，促进农作物健康生长。

不使用工业化肥，人们可以利用米糠、芝麻渣、动物粪便等来制作肥料。

减少使用农药和化学肥料来种植农作物的方法有很多哦。

在田间耕种时，采用成对种植的方法，在一定程度上可以少用农药和化学肥料。比如，玉米是一种从土壤里吸收大量养分的植物。而豆子是一种不施用氮肥，也能保证土壤里有充足养分的植物。因为在它的根部生活着许多“根瘤菌”，能够将空气中的氮储存下来。所以在大豆田里种植玉米，既能保证玉米生长良好，又能有效减少玉米的施肥量。

又比如说，将辣椒和野芝麻种植在一起，野芝麻的独特气味能够驱赶那些喜欢啃食辣椒的害虫。还有在白菜地里种植一些蚜虫们最爱吃的卷心菜，这样一来蚜虫们就不会四处啃食，只会乖乖聚集在卷心菜上了，人们就能大大减少甚至无需给白菜地喷洒农药了。

像这样混合种植具有不同特征的植物，也可以收获有机农产品哦。

土壤啊，谢谢您！

空气、水、土地，是人类赖以生存的三大必需条件。土壤储存了植物生长所需的养分，植物们可以通过根部吸收土壤中的养分和水。还有渗入地下的水在透过土壤时能够过滤掉一些污染物，使水得到了大自然的净化。

人和动物就可以使用干净清澈的地下水啦。

没想到这每天被我们踩在脚下，从未被我们关注过的土壤，竟然能起到这么重要的作用。

“蚯蚓们干的可都是大事业呢。它们在地下四处挖掘，为土壤制造空隙。这样一来土壤就会变得松软，还能保持空气畅通，帮助谷物和蔬菜更健康地生长。”

“蚯蚓是个超级大胃王。泥土、垃圾还有病菌，蚯蚓可是遇见什么就吃什么的哦！所以它们每天排放的粪便足足超过自身重量的两倍多呢。”只要有蚯蚓在，就不需要担心地下的垃圾和细菌啦。

“蚯蚓的粪便中还生活着许多微生物。这些粪便可是植物生长必不可少的养分呢。土壤就这样变得越来越肥沃啦。”

“不科学正确使用农药真的对土地有害耶。要是喷施了过量农药，不仅蚯蚓会死，生活在那片土地下的许多微生物也会一起死掉。”

小敏好像有些明白有机农产品意味着什么了。

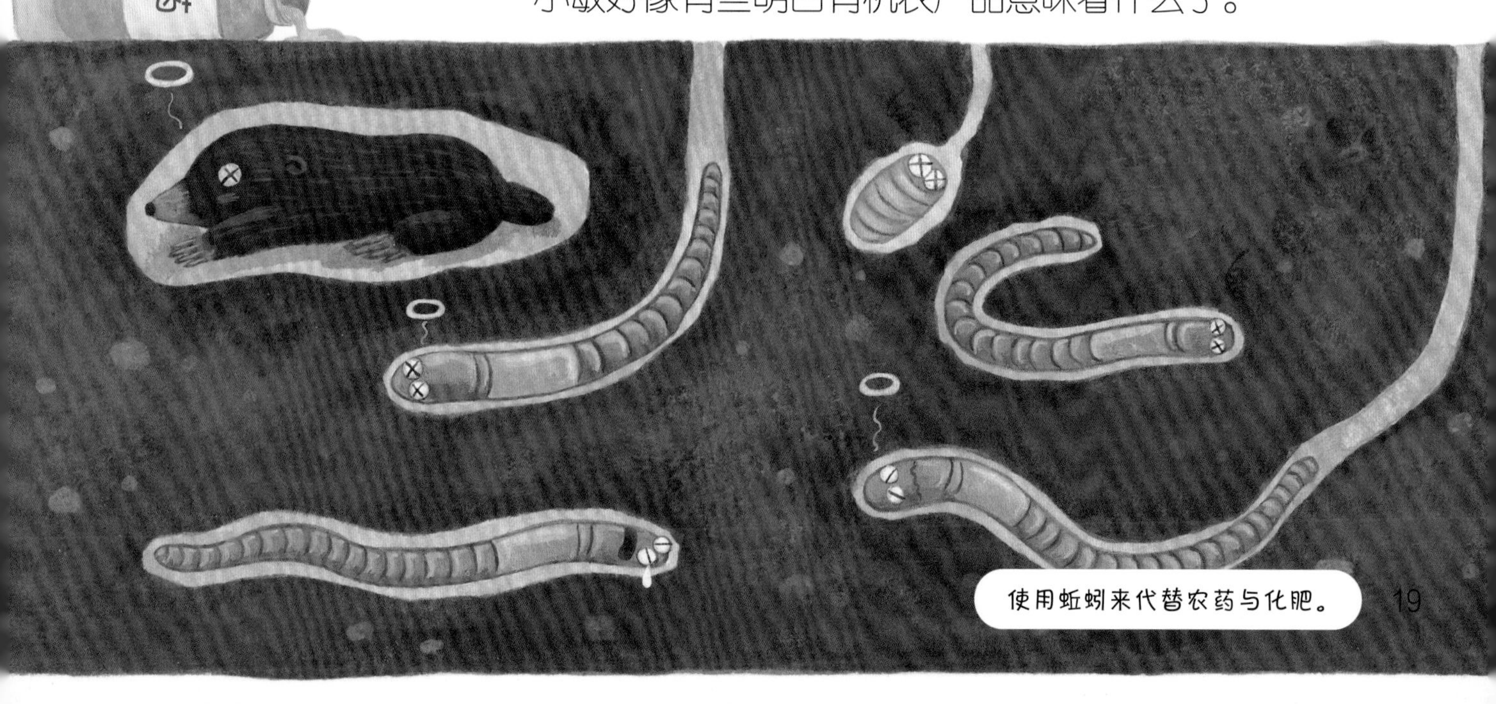

使用蚯蚓来代替农药与化肥。

“小敏，你能分辨出哪一种是有机农产品吗？”
妈妈给小敏看了几种水果和蔬菜。
有机农产品的包装上呀，会有一个表明它是有机生产的贴纸哦。

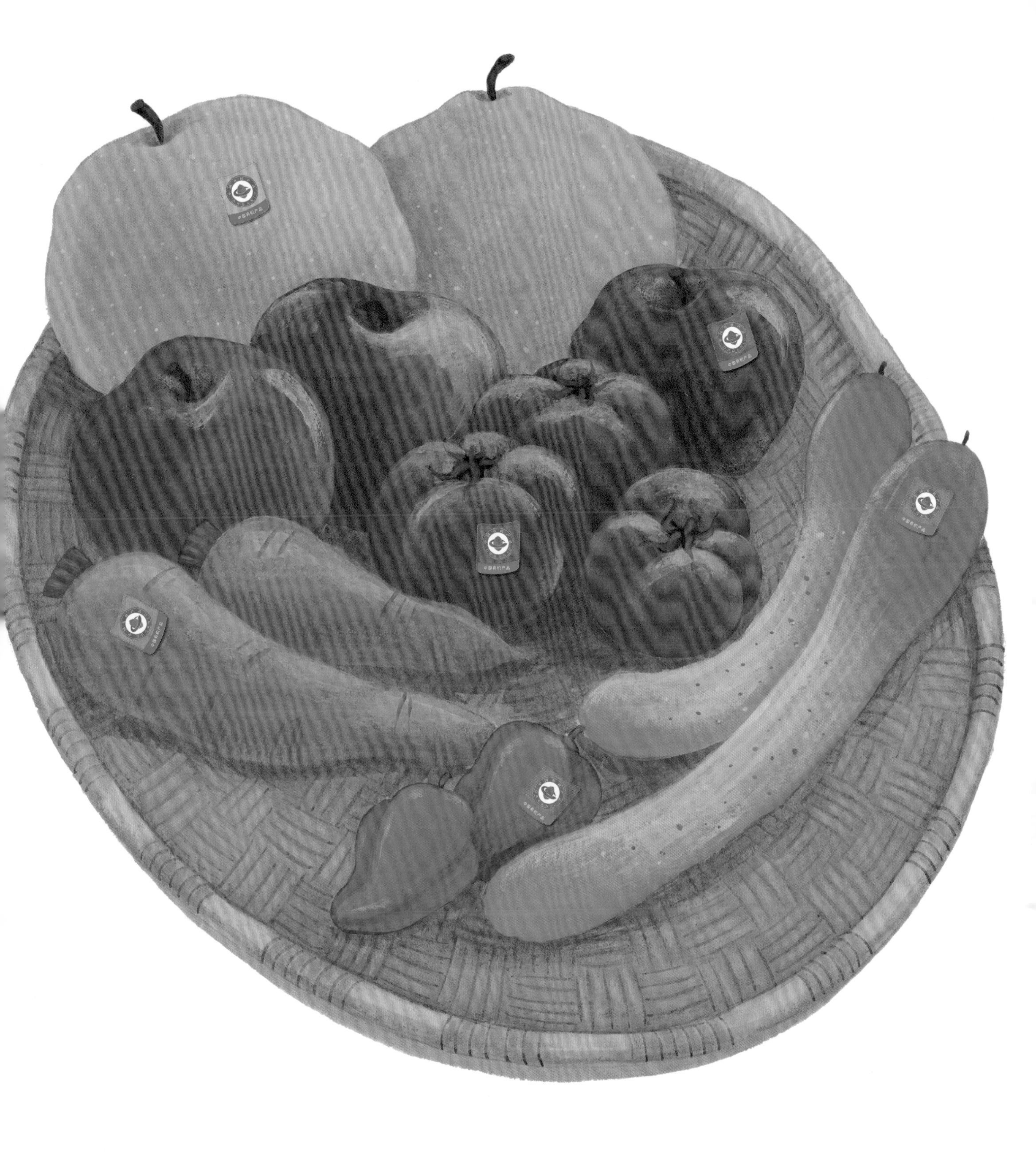

“使用了农药的农产品在形状和颜色上大多数看起来非常好，很少有虫子啃食过的痕迹。但有机农产品的大小不一，表面也是坑坑洼洼的，有被虫子啃食过的痕迹。不过它们更健康，人们可以放心食用。”

通过有机的方法生产的农产品虽然外表和色泽都不好看，但人们却能安心食用。

“有机生产的方法不仅适用于种植业，还可以应用在养殖业哦。就拿养鸡来说，与其把它们圈养在养鸡场里，倒不如让它们在大型农场里生活。被放养的鸡呀，以自然界中的虫草为食，能够产下漂亮的鸡蛋哦。”

一般养殖业会把牛、猪和鸡限制在狭小的地方圈养，并用工厂制造的饲料和抗生素等药物喂养它们。而让它们自由自在地行动，吃来自大自然的健康饲料，这样得来的肉类和蛋呀，才称得上是有机农产品哟。

饲养牲畜时，也是用自然鲜美的草和健康的饲料喂养的。

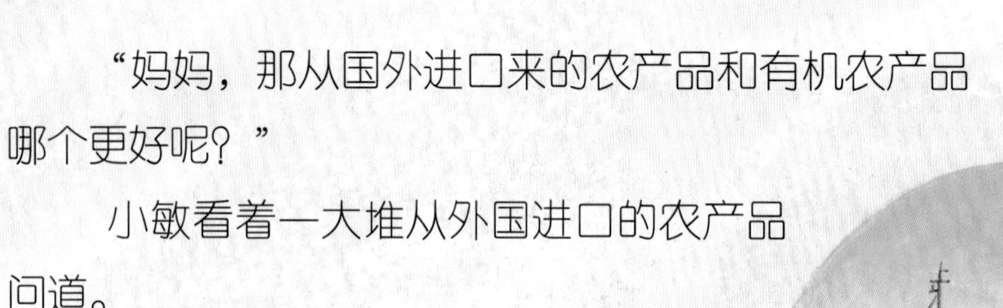

“妈妈，那从国外进口来的农产品和有机农产品哪个更好呢？”

小敏看着一大堆从外国进口的农产品问道。

“从国外进口来的农产品也要看是有机的还是非有机的哦，而且因为要在船上经过很长一段时间的运输才能来到我们这里，为了不让它们腐烂，人们通常会喷一些药物在这些农产品的表面。所以它们往往看起来非常好看，但不一定很安全，需要洗干净才可以放心食用哦。”

小敏现在好像明白，为什么即使价格比较贵，妈妈也要买有机农产品了。

有机蕨菜
根茎细且短，上方长着许多叶子。

进口蕨菜
根茎粗且长，上方的叶子都快掉光了。

有机萝卜干
皮薄且褶皱少，带有强烈的独特气味。

进口萝卜干
皮厚且褶皱多，残留微弱的独特气味。

有机甘草
通常表面顺滑，干燥情况良好，味道略带香甜。

进口甘草
干燥程度较低，表面粗糙且起皱，并附着有其他混合物。干燥情况不好，味道不够香醇。

从国外进口的农产品也分有机和非有机哦。

小敏喜欢吃用有机农产品做的菜。

因此也更加感谢那些尽量不使用农药，而耗费更多精力种植有机农产品的农民伯伯们了。

“妈妈，有机农产品真是太健康了！”

小敏决定将来要研究出一种人与大自然能够健康共存的生活方式！

有机农产品有益于大自然和我们的身体健康哦。

通过实验与观察了解更多

在不用手砸的情况下，使岩石破碎

即使是再坚硬的石头，仔细观察都会发现它的表面有缝隙。经过长时间的风吹雨打与反复的日晒寒霜之后，岩石中的小裂缝就会逐渐扩大，最终破碎。

下面让我们一起来了解一下，温度变化对岩石的影响吧。

实验材料　黏土、沙子、小碎石、砂岩、保鲜膜、水

实验方法

1. 将沙子和小碎石混入黏土，制成黏土块。置于阴凉处风干后，用保鲜膜包裹好，放入冰箱的冷冻室。
2. 取出被冻上的冻黏土块，将其彻底融化后，再次放入冰箱冷冻，重复以上步骤数次。
3. 将一小块砂岩浸泡在水中，然后将其取出并用保鲜膜包裹起来。
4. 将步骤 3 中的砂岩，反复冷冻再解冻数次后，去掉保鲜膜观察其变化。

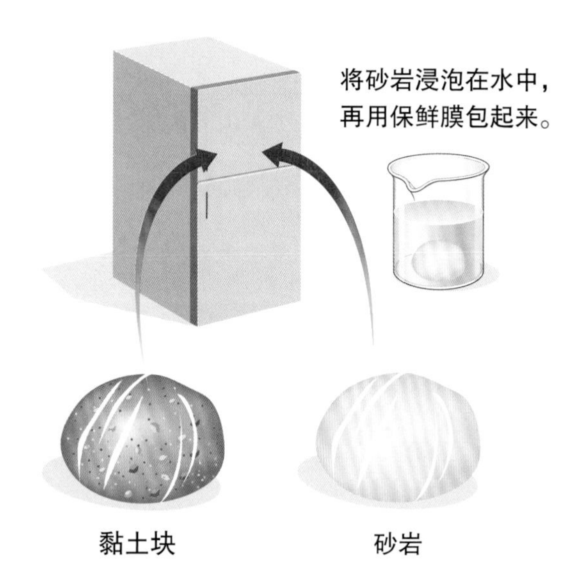

实验结果

1. 被反复冷冻又融化的黏土块破裂，呈小颗粒状解体脱落。
2. 砂岩的表面碎裂，有沙子小颗粒脱落。

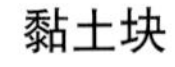

黏土块

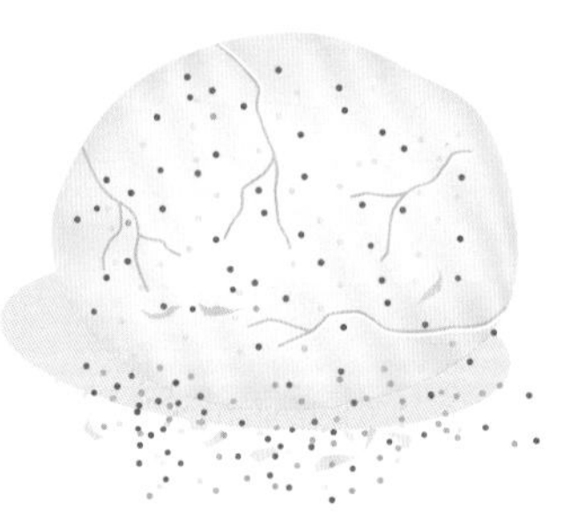

砂岩

为什么会这样呢？

黏土块由沙子和小碎石组成，当中的小颗粒在温度不断变化的影响下，其体积不断重复着变大又缩小的过程。在这种情况下黏土块上就会出现小裂缝，然后缝隙渐渐变大，最终导致黏土块破裂。砂岩是由沙子组成的，当中本就有许多小缝隙。当水渗入缝隙被冻结成冰后，原本细小的缝隙就被撑大了。这是因为水冻结成冰后，体积增大所导致的。于是当我们重复“冷冻再解冻”的这一过程后，岩石就会破裂啦。

问题 植物会吸收土壤里的重金属吗？

渗入土壤的污染物，不像在水中或空气中的污染物一样能够轻易消散，它们会一直累积在土壤里。尤其像重金属一类的物质会被植物直接吸收，进而对人类和牲畜造成伤害。于是人们利用植物的某些特性来消除土壤里的重金属物质。

比如，向日葵和烟草能够吸收放射性物质；鸭跖草和连翘能够吸收锌和铜；黑麦草能够吸收镉、汞和铅。这些植物将吸收来的重金属完好地包裹在细胞液中，然后存放在植物细胞的仓库里。还有白杨树不但能吸收重金属汞，还能将其转化为对人类无害的离子排放到空气中。

将这些植物种到被重金属污染的土地中去，等到重金属被吸收后，再将植物连根拔除，这样人们就可以去除土壤里的重金属啦。

努力爬行，松动土壤的蚯蚓

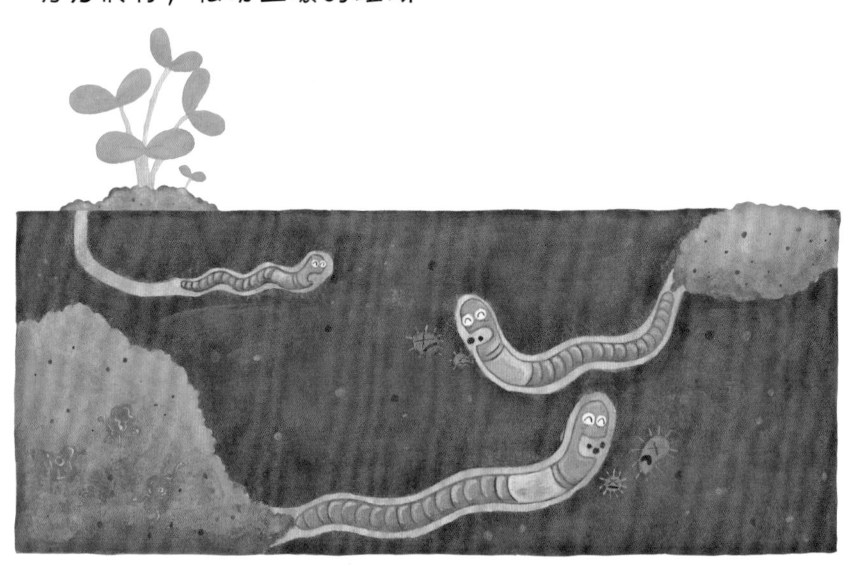

生产出富含营养成分的粪便

吃掉土壤里的垃圾与病菌的蚯蚓

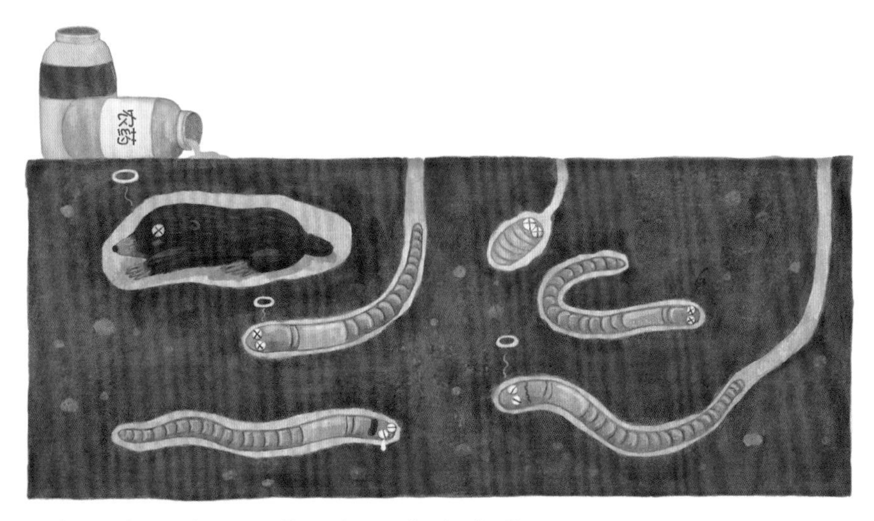

渗入地下的农药导致蚯蚓们生病了

科学话题

什么是疯牛病？

疯牛病于 1984 年在英国被首次发现。一头原本健健康康的牛突然倒下死亡后，紧接着就像传染病似的，其他的牛也接连倒下死亡。

人们研究后发现，这些牛的大脑就像海绵一样出现了许多空泡状结构。原来是因为人们给只吃草的牛喂了含有其他动物骨头和肉的饲料，所以才暴发了疯牛病。

吃了这种饲料的动物，体内的“朊蛋白”发生变异转化成为“朊病毒”。接着它们会积聚在动物的大脑里，破坏它们的脑细胞，使它们的大脑出现像海绵一样的空泡状结构。并且变异后的“朊病毒”拥有了传染性，可以传播给猪和人类。起初只是想从牛身上再多获取一点牛奶和肉，没想到竟引发了如此可怕的疾病。

这个一定要知道！

阅读题目，给正确的选项打√。

1 不使用农药和化肥，采用天然肥料和堆肥的耕作方式称为

- □塑料大棚
- □干细胞
- □有机农业

2 下列选项中，属于有机农业的是

- □使用农药种植出来的西红柿
- □圈养在养鸡场的鸡所下的鸡蛋
- □使用化肥种植出来的辣椒
- □使用堆肥种植出来的黄瓜

3 下列选项中，不属于有机农业生产方式的是

- □放养鸭子
- □在田地里放蚯蚓
- □随时喷洒农药
- □利用微生物

4 人们采用有机农业生产方式的理由是

- □为了得到卖相好的农产品
- □为了喂养微生物
- □为了抬高农产品的价格
- □为了生产出健康的食品

1. 有机农业 / 2. 使用堆肥种植出来的黄瓜 / 3. 随时喷洒农药 / 4. 为了生产出健康的食品

科学原理早知道 自然与环境

力与能量

《啪！掉下来了》
《嗖！太快了》
《游乐场动起来》
《被吸住了！》
《工具是个大力士》
《神奇的光》

物质世界

《溶液颜色变化的秘密》
《混合物的秘密》
《世界上最小的颗粒》
《物体会变身》
《氧气，全是因为你呀》

我们的身体

《宝宝的诞生》
《结实的骨骼与肌肉》
《心脏，怦怦怦》
《食物的旅行》
《我们身体的总指挥——大脑》

自然与环境

《留住这片森林》
《清新空气快回来》
《守护清清河流》
《有机食品真好吃》

推荐人 朴承载 教授（首尔大学荣誉教授，教育与人力资源开发部 科学教育审议委员）
作为本书推荐人的朴承载教授，不仅是韩国科学教育界的泰斗级人物，创立了韩国科学教育学院，任职韩国科学教育组织联合会会长。还担任着韩国科学文化基金会主席研究委员、国际物理教育委员会（IUPAP-ICPE）委员、科学文化教育研究所所长等职务。是韩国儿童科学教育界的领军人物。

推荐人 大卫·汉克（Dr. David E. Hanke）教授（英国剑桥大学 教授）
大卫·汉克教授作为本书推荐人，在国际上被公认为是分子生物学领域的权威，并且是将生物、化学等基础科学提升至一个全新水平的科学家。近期积极参与了多个科学教育项目，如科学人才培养计划《科学进校园》等，并提出《科学原理早知道》的理论框架。

编审 李元根 博士（剑桥大学 理学博士 韩国科学传播研究所 所长）
李元根博士将科学与社会文化艺术相结合，开创了新型科学教育的先河。
参加过《好奇心天国》《李文世的科学园》《卡卡的奇妙科学世界》《电视科学频道》等节目的摄制活动，并在科技专栏连载过《李元根的科学咖啡馆》等文章。成立了首个科学剧团并参与了“LG科学馆”以及“首尔科学馆”的驻场演出。此外，还以儿童及一线教师为对象开展了《用魔法玩转科学实验》的教育活动。

文字 金基明
本科和硕士均毕业于首尔教育大学的小学科学教育专业。现为首尔新明小学六年级科学教师。平常会创作一些与儿童科学相关的文章并发表在《化学教育》和《儿童版科学东亚》等杂志上。致力于韩国科学教师协会的小学实验材料套件开发项目。积极参与小学教师联合组织“小学科学守护者”的活动。热衷于儿童科学故事的创作，已创作出《不断深入的科学观察小故事》《呀！竟然打鼻子》《趣味学习大自然》等科学故事。

插图 金珍熙
毕业于韩国庆民大学动漫艺术系。是一名正在以自然与儿童为主题创作中的插画师，想要创作出生动有趣又饱含温暖的作品。现有作品包括《魔法石磨》《羊与猪》《爱的砧板，友谊的砧板》等。

北京市版权局著作权合同版权登记号：01-2022-3283

图书在版编目（CIP）数据

有机食品真好吃 / (韩) 金基明文 ; (韩) 金珍熙绘 ; 季成译. —北京：化学工业出版社, 2022.6
（科学原理早知道）
ISBN 978-7-122-41021-4

Ⅰ. ①有… Ⅱ. ①金… ②金… ③季… Ⅲ. ①绿色食品—儿童读物 Ⅳ. ①TS2-49

中国版本图书馆CIP数据核字（2022）第048201号

责任编辑：张素芳
责任校对：王 静
封面设计：刘丽华
装帧设计：溢思视觉设计 / 程超

出版发行：化学工业出版社
（北京市东城区青年湖南街13号 邮政编码100011）
印 装：北京华联印刷有限公司
889mm×1194mm 1/16 印张2¹/₄ 字数50千字
2023年1月北京第1版第1次印刷

购书咨询：010－64518888
售后服务：010－64518899
网 址：http://www.cip.com.cn
凡购买本书，如有缺损质量问题，本社销售中心负责调换。

定 价：25.00元